你也能懂的经济学

——儿童财商养成故事 ①

冰雪森林的不速之客

肖叶/主编 龚思铭/著

郑洪杰 于春华/绘

人民文学出版社 天天出版社

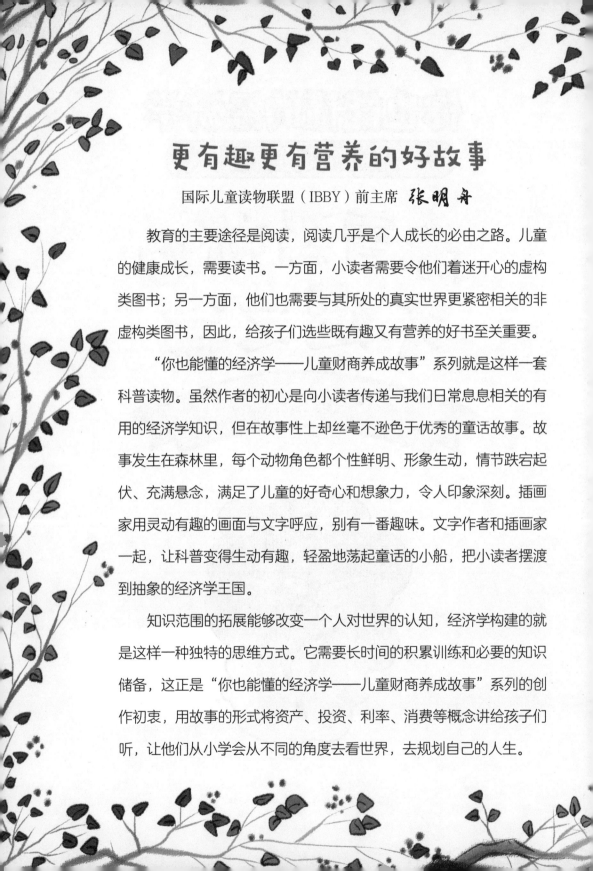

更有趣更有营养的好故事

教育的主要途径是阅读，阅读几乎是个人成长的必由之路。儿童的健康成长，需要读书。一方面，小读者需要令他们着迷开心的虚构类图书；另一方面，他们也需要与其所处的真实世界更紧密相关的非虚构类图书，因此，给孩子们选些既有趣又有营养的好书至关重要。

"你也能懂的经济学——儿童财商养成故事"系列就是这样一套科普读物。虽然作者的初心是向小读者传递与我们日常息息相关的有用的经济学知识，但在故事性上却丝毫不逊色于优秀的童话故事。故事发生在森林里，每个动物角色都个性鲜明、形象生动，情节跌宕起伏、充满悬念，满足了儿童的好奇心和想象力，令人印象深刻。插画家用灵动有趣的画面与文字呼应，别有一番趣味。文字作者和插画家一起，让科普变得生动有趣，轻盈地荡起童话的小船，把小读者摆渡到抽象的经济学王国。

知识范围的拓展能够改变一个人对世界的认知，经济学构建的就是这样一种独特的思维方式。它需要长时间的积累训练和必要的知识储备，这正是"你也能懂的经济学——儿童财商养成故事"系列的创作初衷，用故事的形式将资产、投资、利率、消费等概念讲给孩子们听，让他们从小学会从不同的角度去看世界，去规划自己的人生。

当今世界，一个人是否懂得理财，懂得做决策，懂得合理安排自己的资产，对其生活的影响是大而深远的，然而"财商"的培养需要一步步的知识积淀。经济学繁杂的原理和公式推导常令人眼花缭乱，阻挡了小读者探索的脚步。"你也能懂的经济学——儿童财商养成故事"系列巧妙地将经济学概念和原理用日常生活的语言解读出来，即便小学生也能立刻明白。比如资源稀缺性、供给需求与价格的关系等概念，用"物以稀为贵"这样的俗语一点就通；再如，以效用原理来解释时尚潮流，建议小读者用独立思考来代替盲目跟从，专注自己的感受，从而避免受时尚潮流的负面影响等。本书包含的知识不仅清晰易懂而且很实用。每个故事结束后，还以"经济学思维方式"（"小贴士"和"问答解密卡"）告诉小读者在日常生活中如何应用经济学知识来思考和解决问题。

优秀的儿童文学，必定能深入浅出，举重若轻，使读者在获取知识的同时，提高独立思考与辩证思维能力。"你也能懂的经济学——儿童财商养成故事"系列正是这样一套优秀的儿童科普文学作品。它寓教于乐，是科普与文学巧妙结合的典范，值得向全国乃至全球的小读者们推荐。

前　言

孩子们的好奇心和求知欲表现在方方面面，他们既想了解宇宙和恐龙，也想知道家庭为什么要储蓄、商家为什么会打折、国家为什么要"宏观调控"。而这些经济学所研究的问题既不像量子物理一般高深莫测，也不像形而上学那样远离生活。只要带着求知心稍稍了解一些经济学常识，许多疑惑就可以迎刃而解。

除了生活中必要的常识，经济学还提供了一种思维方式，让我们以新的视角去观察世界。生活中面临的许多"值不值得""应不应该"，完全可以简化为经济学问题，无非就是在成本与收益、风险与回报等各种因素之间权衡。当然，生活是如此的复杂，远非经济学一个学科能够解释和覆盖，但是对未知领域的探究心和求知欲，特别是学会如何学习、怎样寻找答案，是比知识本身更加重要的能力，也正是这套丛书想要告诉小读者的。

人的认知有多深，世界就有多大。知识越丰富，人生体验也就越精彩。希望本套丛书所介绍的知识能为小读者提供一个全新的视角，有助于大家以更开阔的眼光去观察我们的社会、了解人类的历史和现在。同时也希望本套丛书能打开一扇门，引领小读者进入社会科学的广阔世界。

作者

认识森林居民

松鼠京宝

号称"树上飞"，掌管着冰雪森林便利店"鼠来宝"的账目。聪明勇敢，踏实可靠，与白鼠357、刺猬扎克极为要好。

白鼠 357

在超级老鼠（Ultra Mouse）计划中编号为 UM357 的实验鼠；从科学实验室出逃来到冰雪森林，创立了名为"鼠来宝"的便利店。

刺猬扎克

鼠来宝众多奇妙商品的发明者，常在梦游状态，迷迷糊糊。

蓝折耳猫芭芭拉

因被人类弃养而逃到森林，外表高傲而内心善良，生活讲究，极爱热闹。

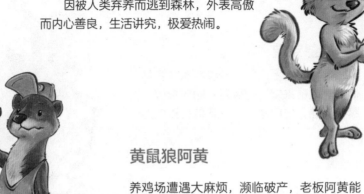

黄鼠狼阿黄

养鸡场遭遇大麻烦，濒临破产，老板阿黄能挺过这场危机吗？

灰鼠 996

冰雪森林的不速之客，只有一只耳朵，给森林带来了大麻烦。他的真实身份到底是什么？他和 357 是什么关系？

猴蹿天

曾是行走江湖的侠客，留在冰雪森林担任银行总经理。

老鼠杜花生与鼠特工

　　杜花生，城市地下特工队队长，清瘦儒雅，为人行侠仗义，在动物江湖中很有威望。他爬上城市街心花园的路灯，用灯影手势和B-box（节奏音乐口技）就能够召唤出地下的鼠特工。这支由城市老鼠组成的特工队拥有遍及全城的消息网。

城市老鼠

　　居住在城市各地的老鼠家族，以经商为生，与鼠来宝有生意往来。

目 录

1 白糖危机

冰雪森林地下城的居民们总是最先察觉春天的到来——温热的气流从地下升腾起来，土壤里的小虫子闹钟似的吵个不停，持续整个冬季的漫长睡眠就这样被终止了！

北方的春天像是一幅水墨画——山岩、树林、河道，浓淡干湿，各具美感，尚未消融的冰雪则是自然的留白。宽阔的冰河上，水獭们正踩着巨大的浮冰"冲浪"。刚刚从冬眠中醒来的森林居民们却无心玩闹，都迫不及待地寻找梦中的美食。

　　森林便利店"鼠来宝"里，白鼠357和松鼠京宝忙里偷闲地在露台上张望。春天来了，刺猬扎克也该睡醒了。别看这只是一个小小的便利店，"森林三侠"缺一个还真忙不过来呢！

　　"来啦！"听见树林里有动静，京宝兴奋地喊起来，他想念那位浑身是刺的小伙伴。可是京宝很快发现自己看错了，那根本不是扎克，而是刚烫了"爆炸头"的蓝猫芭芭拉。

　　"我订的杂志到了没？"芭芭拉顶着"爆炸头"容光焕发地走进鼠来宝，她是来取自己订阅的杂志——《时代猫刊》的。按照芭芭拉的说法，作为一只有"格调"的猫，不能只关心家长里短和时尚潮流，还得紧跟时事动向，正所谓"家事国事天下事，事事关心"。

　　《时代猫刊》上除了猫界最新消息之外，还登载着许多关于老鼠的消息，内容详尽而丰富。可见猫对于鼠的兴趣是刻在基因里的，鼠的一举一动永远牵动着猫的神经。

　　芭芭拉拿到《时代猫刊》便迫不及待地翻了起来，还要了一条小鱼干，边嚼边读，十分惬意。这时候，刺猬扎克终于夹着一本书，摇摇晃晃地走进鼠来宝。那书又大又厚，像要随时把扎克给坠倒似的。

"书也应该'量身定做'！"扎克一边抱怨，一边如释重负般地把书放在柜台上，"贝儿居然说这是一本'小册子'。"

　　原来是从棕熊贝儿那里借来的《神奇植物大百科》，对贝儿来说，可不就是"小册子"吗？357和京宝相视一笑。扎克每次冬眠醒来，都能从梦中汲取灵感，搞一些新的发明创造。森林里最受欢迎的零食——虫虫脆和胶皮虫，就是扎克冬眠醒来后发明的。

　　京宝迫不及待地打听道："这次又是什么好吃的？"

　　"你们看看这个！"扎克狡黠地一笑，翻开《神奇植物大百科》夹着

树叶书签的那一页，"我看到这里时，感觉就像找到了亲戚一样！"

　　357 和京宝凑近一看，原来扎克说的是"仙人掌"——生长在干旱地区的多肉植物，为了适应极度缺水的环境，叶片退化为短小的刺，既能减少水分流失，也能防止被动物吞食。

　　"真的哎！这简直是'植物刺猬'啊！"京宝几乎没有离开过冰雪森林，所以他从来没有见过真正的仙人掌。他好奇地问："好吃吗？"

　　扎克笑道："这次的新发明不是零食，而是一种'武器'！"

　　"武器？"357 和京宝有点吃惊。

　　"没错！我准备叫它'仙人披风'。只要披上它，就能像仙人掌一样，即使站在那里不动，也没有谁敢欺负你。"扎克把 357 拉到身边，用自己的手臂给他量尺寸，"别急，等我做好了你再进城！"

原来扎克一直担心357在城市里遇到危险，所以想出了这么一个新点子。

京宝问："可咱们森林里没有仙人掌呀，披风上面的'刺'怎么做呢？"

扎克胸有成竹地打了一个响指，门外忽然传来獾疾风的声音："獾乐送快递，请扎克先生签收。"

　　包裹是冰河里的水獭家族寄来的，拆开一看——嚯，满满的一大包鱼骨！

　　京宝惊呼道："扎克你真厉害，才一觉醒来，居然就办了这么多事！"

　　"明明是我办的！"獾疾风抱怨道，"瞧瞧，我的工作服都被鱼刺戳出了洞洞，还不快快卷一支大号仙女丝来安慰我。"

　　扎克拍拍胸脯："没问题！"

　　京宝却摇头说："扎克刚刚睡醒，他还不知道呢。店里的糖都用光了，今天做不了仙女丝了。"

　　"啊！"獾疾风发出凄惨的号叫，"没有仙女丝，哪有力气工作？！啊……我要收工，回家睡觉……"

　　"吓了我一跳！"芭芭拉鼻子一哼，"你能不能优雅一点！不就是没糖了吗？真搞不懂那玩意儿有什么好吃的，明明一点味道都没有！"

357他们也是最近才知道，芭芭拉和大家不一样，她的舌头是尝不到甜味的。小老虎奔奔也对仙女丝不感冒，除了用它解过"冰薄荷"的毒外，再也没有吃过。如此看来，森林里传说芭芭拉和奔奔是亲戚，也算事出有因。

"奇怪……这个叫'糖'的东西到底有什么魔力，城市老鼠也正为了它打得不可开交呢！"芭芭拉指着《时代猫刊》，突然不顾优雅地叫起来，"357！357快来！你上新闻了！你出名了！"

大家顾不得安慰獾疾风，立刻围到芭芭拉身边，想看看357怎样"出名"。

芭芭拉清清嗓子，一本正经地朗读："近日甜蜜蜜糖厂附近发生了震惊全城的老鼠家族火并事件。本刊记者猫大橘经过深入调查发现，先后有三个老鼠家族参与了糖厂争夺战。战事持续整夜，多位老鼠负伤，现场一片混乱……下水道老鼠因体力不支，败于暖气道老鼠，含恨退出战斗；灶王庙老鼠后来居上，坐收渔利，最终将甜蜜蜜糖厂据为己有。记者猫大橘随后对灶王庙老鼠家族进行了独家专访，得知此次糖厂争夺战的起因，乃是冰雪森林一家名为'鼠来宝'的便利店近日突然加大砂糖采购量。鼠来宝总经理'白鼠357'曾在数家老鼠商社询价订货，并宣称'仍需加量'，最终引发战事……"

整篇报道有声有色，还附有战斗场面和357的插图。芭芭拉的两只爪子使劲地在柜台上抓挠着："啊……我还没上过《时代猫刊》呢！357我恨你……"芭芭拉做梦都想登上《时代猫刊》出出风头。

357哭笑不得："天哪！这分明是在骂我惹祸了啊！"

糖的价格对鼠来宝有什么影响？

鼠来宝需要的糖可不少，因为它是人气零食仙女丝的原料。糖的价格关乎生产仙女丝的成本，假如成本太高，那么仙女丝也必须涨价，否则鼠来宝就要亏本了。所以，糖的价格会影响仙女丝的售价，并最终影响鼠来宝售卖仙女丝获得的利润。

在我们的生活中，你发现过因为成本增加而涨价的现象吗？别忘了，除了"原材料"之外，一件商品的成本还包含许多。比如你喜欢的一家冰激凌店，店铺租金、店员工资、包装、糖、奶油……任何一项成本增加都可能导致冰激凌涨价。所以小到街边的早点摊，大到食品工厂，所有的经营者都希望成本可以尽量地低。因为一件商品在价格不变的前提下，成本越低，利润就越高。

老鼠们想要砂糖，从人类的糖厂里搬就是了。可在现实世界里，短时间内对某种商品需求的突然增加，最先影响的就是商品价格。这是因为人们可能突然间追捧某些东西，但无论是农产品还是工业产品，都不可能在一夜之间产量翻倍，满足所有人的需要。这就会在短时间内造成"供不应求"的状态，按照我们学过的经济学原理，供不应求通常会造成商品价格上涨。

当然，供不应求不一定是需求增加造成的，有时供给突然减少也会出现这种状态。比如禽流感发生时，大量的鸡死亡造成鸡肉供给减少。可是大多数人都习惯吃鸡肉，这个需求短时间内很难改变，于是也形成了供不应求的状态，鸡肉价格会迅速上涨。

不过，上面讨论的都是短时期内的情况。当禽流感过去，鸡肉供给渐渐增加，价格也就会回到原来的水平。同样，如果人类对糖的需求量一直很大，就会有新的厂商加入行业，生产大量的糖，慢慢地，糖价也会回落。这就是市场的神奇之处，它总能让供给和需求回归平衡。

1

问: 在仙女丝价格不变的情况下, 糖价升高会发生什么?

2

问: 城市老鼠为什么要争夺糖厂?

3

问: 如果糖像土一样到处都是, 老鼠们还会争夺糖资源吗?

2 神秘老鼠

鼠来宝的仙女丝自面市起就受到森林居民的喜爱，经常处于供不应求的状态。与同样热门的"虫虫脆"不同，制作仙女丝所需要的原材料——砂糖，并不是冰雪森林的土产。

砂糖是人类的杰作。

土地里生长出来的植物，经过人类巧妙的加工，就会魔法般地变成冰雪一样的小颗粒。糖不仅香甜可口，还能为身体提供能量。它给森林居民带来了无穷快乐——芭芭拉除外。

　　为了给森林居民持续供应仙女丝，357 隔三岔五就要进城去买糖。偶尔要一点糖对城市老鼠来说并不困难——他们遍布全城，仓库、超市，甚至人类的家，哪里还搞不到一点糖呢？可是需求量一旦大起来就麻烦了。除了糖厂仓库，其他地方没法儿持续提供大量的糖。这才有了新闻中的"糖厂争夺战"，三个老鼠家族为争夺糖厂、获得鼠来宝的供货权打得头破血流。

　　京宝小心翼翼地问 357："你真的在城市里到处询价吗？"

"唔……也算是吧！因为他们都说一下子弄不到那么多砂糖，所以我只能到处打听……看样子，我真的惹祸了呢！"357 做了个鬼脸。

"不是说灶王庙老鼠们获胜了吗？意思是……混战结束了，以后就不愁没有糖了吧！"矍疾风才不管哪家老鼠获胜呢，他只希望事态马上稳定下来，这样 357 就可以进城了，他又能吃上仙女丝了。

"没错儿！"芭芭拉点点头，继续朗读《时代猫刊》上的那篇报道，

"经此一战，本地仅有的两家糖厂分属灶王庙与财神庙两个老鼠家族所有，对峙之势就此形成。欲知后事，敬请关注本刊后续报道。"

鼠来宝里安静了好一会儿，大家因芭芭拉所说的"对峙之势"陷入思考。

"嗯……为什么庙里的老鼠这么厉害？"扎克此言一出，大家都哭笑不得——扎克的注意力总在奇怪的地方，或许这正是他创造力的来源吧！

"庙里有吃不完的供品，那里的老鼠根本就不用为生计发愁。吃饱了没事做，有的是时间'练兵'啊！"357最喜欢和庙里的老鼠做生意，他们的食物来得太容易，所以价格总是很好商量。而价格最难谈拢的是那些流浪"独行侠"，他们在城市里到处游走，常能弄到难得一见的新奇玩意儿。可是独立行动风险极大，常常要豁出命来，所以砍价常常要争到面红耳赤。

京宝把话题拉回来："那你打算去哪一家买呢？"

357轻松地一笑："哪一家给的价格便宜，我就去哪一家买呀！"

京宝追问道："有的商量吗？"

"幸好他们势不两立，万一他们联手，那才没的商量！"357说得没错，他现在是唯一的需求方，而供给方却有两家。假如两个供给方亲如一家，联手抬高糖价，那就糟糕了。幸好，灶王庙和财神庙的老鼠家族原本就关系紧张，现在又成了竞争对手，为了赢得357这个大客户，他们要么提供殷切而周到的服务，要么压低价格。总之，现在的形势对鼠来宝是再好不过了！

扎克拎起一包鱼骨向地下仓库走去："我现在就去做'仙人披风'，

等我做好了，357进城就安全了！"

獾疾风也一步一蹦高地走了："加油357，等你的仙女丝哦！"

芭芭拉撇撇嘴："贵或者便宜有什么大不了？砂糖涨价，仙女丝也跟着涨价不就得了吗？"她舔舔爪子，反正她不吃仙女丝，涨价十倍也无所谓。

京宝义正词严地说道："虽然你也有道理，可是鼠来宝的宗旨是顾客至上，我们要给森林居民提供价格实惠的好商品，控制成本是必需的。"

芭芭拉翻了个白眼，狡黠地笑道："为了一点蝇头小利谈来谈去，多不优雅？干脆我进城去把那帮家伙全部收拾掉，两家糖厂全归357好啦！对付老鼠，我可是专家。"

357咧嘴一笑："我听说你这位'专家'，满脑子都是技术，就是连老鼠的毛也没摸到过一根……再说，做生意总要讲规则，用武力可不好，对吧？"

芭芭拉虽然不服气，却也无法否认357所说的事实。回想她做宠物的日子，的确接受过精英教育。《鼠学》《捕鼠900计》《猫咪的自我

修养》……这些经典教材她都能倒背如流；她也曾经在猫咪学校的训练场上英姿飒爽。但她毕竟养尊处优惯了，那些知识和技能从未被付诸实践，如今恐怕真的只能纸上谈兵，逞口舌之快了吧！

芭芭拉夹起《时代猫刊》，嚼着小鱼干走出鼠来宝，抬头享受着

阳光的抚摸。"如今这样也挺好……"她自言自语道。

"好什么好？连老鼠都不敢反驳，还配做猫吗？"草丛里传来细细的声音。

"谁？！"芭芭拉警惕地四处张望，她天生灵敏的嗅觉很快将她的目光引向一片蘑菇丛。

一只穿着黄色连体紧身衣的小灰鼠用手撑着头，横卧在草间。芭芭拉远远望去，还以为是香蕉成了精，在对自己说话呢。

连老鼠都不敢反驳，还配做猫吗？

357 不是普通的老鼠……哼，我为什么要对你解释，你还不是一只老鼠！

哦……果然是他啊……对，他是超级老鼠……咦？超级老鼠也有解决不了的麻烦呀？

你……你在套我的话！

市场上也有"竞争"吗？市场竞争是什么样的呢？

我们在学校里常常要面对各种竞争——学习上要争个好成绩，体育比赛中也要争第一。不知你有没有发现，生活中的各种"竞争"也不少。比如你打开购物网站，随便输入什么商品类别，搜索结果中出现的不同品牌就互为竞争对手。你出门下馆子，也会考虑同类型的餐馆中，哪家的菜更好吃，服务更热情，或者价格更实惠。每一家企业都憋足了劲儿，想夺取和保持自己在行业内的领先地位，从而获得更多的经济利益，这就是"市场竞争"。

大部分消费者都是很聪明的。他们会货比三家，选择物美价廉的产品和服务。这样一来，那些产品糟糕、服务差劲的工厂、餐馆和商场就会慢慢被淘汰出局。为了在竞争激烈的市场上存活下来，商家要么提高产品质量和服务水平，要么降低价格吸引消费者。当然，对我们消费者来说，公平的市场竞争其实是一件好事情！

只剩下两个老鼠家族"对峙"，还算竞争吗？

市场竞争有许多种形式：357 到处询价，让许多老鼠家族去竞争，这叫作"自由竞争"，也叫作"完全竞争"。在这种市场环境下，任何一家老鼠随便抬高价格都没有用，357 随便选择别家购买就好了。自由竞争的市场对 357 和其他买家来说是最理想的情况，他们可以较容易地获得产品质量、价格的信息，同样的商品有那么多卖家可以选择。

现在，两个老鼠家族分别占领了糖厂，357 面临的市场明显与自由竞争的时代不同了，糖的市场上只剩下两个卖家，357 的选择减少了。幸好两家老鼠"势不两立"，所以他们恐怕会继续竞争下去。真正可怕的是两家老鼠化敌为友，那可就糟糕了！他们会想：与其相互竞争压低价格，倒不如联合起来要个高价，反正其他老鼠家族都被干掉了，357 也没有别的地方可以买糖。

假如一个行业只剩下两个（或者极少数）卖家，并且达成默契，制定一个共同的价格去瓜分市场，就形成了"双头垄断"。虽然这也是市场竞争的一种形式，可是与自由竞争时那个百花齐放的市场已经完全不同了。所以 357 说目前形势还不算太坏，就是说还没有形成"双头垄断"，否则 357 真的要付高价才能买到糖了。

1

问：为什么 357 说，与庙里的老鼠讲价很容易，与"独行侠"讲价很难？

2

问：为什么 357 庆幸灶王庙和财神庙老鼠家族势不两立？

3

问：如果砂糖涨价，仙女丝也涨价，这样可以吗？

3 恶鼠重现

芭芭拉在林地里飞奔，说她是"落荒而逃"也不为过。回到家里，她片刻也没有耽误，将门窗关得严严实实，才放心地趴在地上喘气。

一只猫会被老鼠吓成这样？当然不是。芭芭拉是被涌上心头的恐怖记忆给吞没了……

猫界经典《恶鼠传》记载，"一只耳"是老鼠界最危险的老鼠，它的可怕之处是与非洲吃猫鼠存在某种亲戚关系。

吃猫鼠会释放有毒气体，并趁猫咪失去意识时发起围攻，把猫血吸干。三十多年前，"一只耳与吃猫鼠合谋杀死白猫警探"事件曾引起猫界大恐慌。

这个事件甚至惊动了人类。稍有阅历的成年人类或许仍然记得"花猫警长"的故事······

这段可怕的历史，是被花猫警长终结的。当年的花猫警长威震四方，连人类都对他钦佩不已。

按道理，花猫警长带领白猫警探们歼灭那批坏老鼠之后，不管是"一只耳"还是吃猫鼠都已经绝迹于江湖，再也没有出现过。除了在书上读过这段历史外，芭芭拉从没听别的猫谈起过。可是……刚才那家伙，分明就是"一只耳"啊！他的吃猫鼠亲戚会不会也到了冰雪森林？传说中的猫杀手又杀回来了？

"糟糕！"芭芭拉突然回忆起"一只耳"听见357名字的那一刻。他意味深长的"哦——"，还有他说的"果然是他呀——"是什么意思？难道他是来找357的？他们一定不是朋友，否则那家伙怎么不直接冲进鼠来宝与357拥抱呢？哎呀呀！自己居然一时大意，泄露了357想要进城买糖的消息，会不会给他带来麻烦？357会不会有危险……

芭芭拉强压自己对"一只耳"的恐惧，小心翼翼地回到刚才那一片蘑菇丛。那只小灰鼠已经不在原地了。芭芭拉马上警惕起来，转身向鼠来宝跑去。

鼠来宝生意很好，往来的顾客很多，而且十位中有八位都想顺便买一支仙女丝。他们得知仙女丝断货的消息，难免有些沮丧。芭芭拉在门口张望，"一，二，三……"看见"森林三侠"一个不少，她稍稍松了口气。

"357……357！"芭芭拉顶着"爆炸头"在门外摇头晃脑，终于引起了357的注意。

357把手里的商品交给京宝，走出来跟芭芭拉打招呼。

"嘘——！"芭芭拉慌慌张张地把357拉到一边，一边比画，一边压低声音问道："357，你有没有一只耳朵的老鼠朋友？"

一向强调优雅的芭芭拉突然变得畏首畏尾，357有些纳闷："一只耳朵的老鼠？我没见过。你这是怎么了？"

芭芭拉犹豫了一下，还是决定要诚实。她坦白道："唉，我可能闯祸了……刚刚在回家的路上，我遇见了一只长相跟你差不多的老鼠，不过他只有一只耳朵，神神秘秘的，好像还会耍功夫。他一定认识你，说不定正躲在哪里，偷偷地观察你哩……我一时大意说漏了嘴，你今晚要进城买糖的事他……可能知道了……"

"你特意跑来，就为了告诉我这个？"357笑着问，接着安慰道，"现在大半个森林的居民都盼着我今晚进城呢！这又不是秘密，你想太多了！"

"哎呀！你不要大意！我对老鼠的感应很厉害，他身上有说不出的气味……很可怕，像随时准备拼命似的……'一只耳'是最狠毒的老鼠，你千万小心！"

芭芭拉突然想起《时代猫刊》上的那篇报道："哦！会不会因为你在城里挑起了老鼠家族内斗，他们来找你报仇？"

357当然相信芭芭拉对老鼠的特殊感应，她的担心也不是没有可能。不过他实在想不出，城市老鼠家族中有什么"一只耳"。

"不怕，扎克给我做了一件'仙人披风'，我今晚会穿着它进城，几只耳我也不怕！"357故作轻松地说道。

"还是要小心啊！听说'一只耳'曾经咬死过猫呢！我看那家伙还有功

夫，听他的口气，连御林军都不怕！"芭芭拉张牙舞爪，全然不顾优雅了。

"放心！今晚有'大猫'陪我进城。"原来 357 约了老虎奔奔。听到这里，芭芭拉才放心地走了。

夜色铺满天空时，扎克终于把"仙人披风"缝制好了。这件披风是为357 量身定做的，从帽子到下摆都密密地缝满了尖细的鱼骨针。扎克的缝制方法十分巧妙，当披风松散地搭在身上时，鱼骨针也顺从地趴着，就像从身上长出的羽毛一样。一旦遇到危险，357 只需要身子一缩，把披风拉紧，鱼骨针便立刻竖起来，令 357 变成各种造型的"仙人掌"。披风的布料被仔细地染成深蓝色，刚好能让雪白的 357 在黑夜里隐身。这件夜行衣真是棒

极了!

357 裹着披风不停地"变身"："感觉自己变成刺猬了！"

小老虎奔奔正巧在 357 变成"仙人掌"那一刻走进鼠来宝——他是第一个倒霉蛋。

"这是什么东西？"奔奔好奇地用爪子拨弄了一下，立刻被扎得龇牙咧嘴，直到出发时还在不停地抱怨。奔奔拒绝穿着披风的 357 坐在自己身上，所以当他们到达第一个目的地——下水道老鼠地盘的时候，老鼠们几乎已经准备收摊了。

下水道老鼠们在"糖厂争夺战"中挂了彩，有的手臂吊着绷带，有的头上贴着胶布，奇怪的是，他们似乎一点也不沮丧，甚至有说有笑。

"瞧瞧！这可是难得一见的'魔法药水'，能把深色变浅色！布料就不用说了，我们家小黑进去泡了一会儿，直接变白鼠了！"这只下水道老鼠的耳朵在战斗中被咬了个豁口，依然眉飞色舞地推荐他们的新商品。

357 接过他手中的瓶子，瓶身上写着大大的"H_2O_2"，原来是漂色和消毒用双氧水，大概是从理发店里搞来的。城市下水道四通八达，老鼠们总能弄到奇怪的玩意儿。

357 忍不住问道："你们都挂了彩，怎么还这么开心？"

"哈哈！本来我们并不开心呢，但是刚才我们发现，我们因祸得福啦！"灰老鼠很得意，"这都是皮外伤，不碍事。灶王庙家可有被打断腿的呢！"

357 细问才知道，就在早些时候，刚刚举家入驻甜蜜蜜糖厂的灶王庙老鼠们突然遭遇了劲敌——一只不知从哪里杀出来的老鼠单枪匹马地对他们发起了挑战，最后竟然毫发无损地把灶王庙一家赶出了糖厂！

"刚听说，财神庙一家也遭殃了。现在，甜蜜蜜糖厂也归了那家伙了——两家糖厂都被他独占了！"灰老鼠手舞足蹈，把那神秘老鼠的功夫吹得神乎其神……

城市老鼠们怎么就乱成一团了呢？

我们做游戏时都要先约定好游戏规则，只有当人人都遵守规则时，大家才都能玩得开心，市场也是一样。小到社区菜市场，大到国际市场，每个市场都有自己的规则，市场参与者必须遵守，否则就会受到惩罚。

市场规则是为了维持市场秩序而制定的各种规章制度。制定规则并不是为了给人添麻烦，反而是为了避免麻烦。你看，因为城市老鼠们事先没立规矩，先是搞出一场"糖厂争夺战"，后来又杀出个更没规矩的"一只耳"，把市场搞得一塌糊涂……

在人类的市场中，像这样为了争夺资源和客户大打出手、使用暴力手段，或者投机倒把、哄抬物价、胡乱降价等，都属于违反规则的行为，是要遭到处罚的。357仅仅是要多买一点糖，城市老鼠们就打起来了，而人类世界每天都进行着大量的交易，却很少发生混乱，这就是市场规则保护的结果。

市场有规则,那谁来做裁判呢?

市场上的"裁判"就是各地的市场监督机构,你所在的城市就有"市场监督管理局"。他们负责规范和维护本地市场秩序,营造诚实守信、公平竞争的市场环境。他们还会对市场上商家的信息进行登记,每个商家是否通过质量检验、经营是否规范、有没有受到过处罚等,这些信息只要你想了解,在网络上就可以查到。

正是因为有了从国家到地方的市场监督管理体系,才有公平、安全的市场环境。我们可以放心地在商场购物,在餐厅享用美食,而经营者们也能安心做生意。对于一些轻微的违规行为,市场监管局会对商家做出罚款、停业整顿等惩罚,而那些严重违规的(比如"一只耳"这样搞破坏的),可能真的会被"红牌罚下",再也不允许他们到市场上来做生意。

问："一只耳"那样，用暴力争夺资源和客户可以吗？

问：两家糖厂都归"一只耳"会有什么后果？

问：现实中的市场里有违反规则的情况吗？

4 特工相助

　　"总而言之，"一身灰毛的下水道老鼠总结道，"咱们是老朋友了，你若是要一小包糖，我怎么也能钻进谁家的厨房给你搞一点来。若要得多，恐怕你要找那位'一只耳'兄弟了！那家伙放了狠话，谁也不许卖糖给你，否则他要'不客气'！你们俩是不是有恩怨？你要小心啊！"灰老鼠摸摸自己在战斗中负伤的耳朵，神情严肃地提醒357。

从下水道老鼠转述的情况来看，先后向两家老鼠发起挑战的"一只耳"和芭芭拉白天遇到的那位，应该是同一只老鼠。357 这样想着，很自然地明白了，这个"一只耳"就是冲着自己来的——他先出现在冰雪森林，躲在鼠来宝外面暗中观察，又巧妙地从芭芭拉口中问到了些消息。当"一只耳"得知 357 需要大量的砂糖，并且当晚即将进城购买之后，他抢先一步，用武力打败了灶王庙、财神庙两家老鼠，独占了城市中仅有的两家糖厂。很显然，357 要么空手而归，要么必须面对这位神秘的"一只耳"。

　　眼看天快亮了，357 将从地下道、暖气道和超级市场几家老鼠手里购买的货物交给奔奔，让他先回冰雪森林，自己则准备去会一会这位"一只耳"。

他们早晚是要见面的。

"我是负责保护你的！把你留在这里，我的任务可不算完成！"奔奔倒是位认真负责的保镖。

"天快亮了，小心被人类撞见！"357 提醒道，"扎克做的这件披风既能防身，又能隐身，你放心好了！"

自打听过芭芭拉说的虎皮、虎骨、虎头虎脑（这是胡扯）那些东西，奔奔开始害怕人类了。可是男子汉一诺千金，他还是硬着头皮陪伴 357 进城，只是多了些警惕。眼看东方泛白，奔奔不再坚持，他独自穿过静悄悄的城市，带着货物返回冰雪森林。

虽然决定去找"一只耳"，357却并未着急行动。趁路灯还亮着，他来到了城市中心花园，找到猴蹿天爬过的那盏路灯——他想找地下特工了解一些关于"一只耳"的信息，所谓"知己知彼，百战不殆"。可是357不会B-box（节奏音乐口技），没有办法呼唤特工！

正当357在路灯下发愁时，一只黑"松鼠"突然从花坛下钻了出来。357本能地裹紧"仙人披风"，静静地躲在草丛里，伪装成一株仙人掌。

没想到那黑"松鼠"径直走过来问道："是冰雪森林的357先生吧？请脱掉伪装吧，我们这里不长仙人掌……"这"松鼠"就是地下特工，为了在城市里活动方便，出门行动时他们会打扮成松鼠的模样。

鼠特工不愧是高手，见多识广。357松开爪子，披风上的鱼骨针自然收拢。

鼠特工俯身，客气地邀请道："请跟我来吧，我们杜老板已经恭候多

时了！"

　　地下特工队长杜花生居然早就知道 357 要来找他？357 心中暗暗惊叹，很快又觉得十分合理——地下特工队的信息网极其发达，知道自己的行踪并不困难。说不定，他们连自己需要什么信息都知道了呢！

　　357 被带到花坛下，他没想到，那个勉强挤得进一只老鼠的小洞后面，居然是这样宏大的地下空间。这里宽敞明亮，各种颜色的管道交错纵横，有的冒着热蒸气，有的在滴滴答答地漏水。光在水汽之间散射，一片神秘而诡异的氛围。而鼠特工的队伍也比 357 想象中庞大得多。在地下，他们脱去伪装，露出本来的样子，357 感觉亲切多了。他们安静而有序地忙碌着，记录从城市每个角落里收集来的信息，并把关键内容展示在黑板上，分析其中的关联，从而获得外界形势的最新动态。这简直是城市数据中心！

357 向杜花生说明来意，杜花生脸上露出"我早就知道"的那种微笑。这是一定的，否则怎么会有特工在花坛口等 357 呢！

"说出来你不要惊讶……"杜花生身形瘦小却中气十足，慢悠悠地说，"他和你有些渊源——他也是从那个实验室跑出来的。"

"什么？！"这可大大超出 357 的意料了。

杜花生摸了摸胡子，点头笑道："他的确是为你而来，我们的特工曾见到他到处打听你的下落。你和城市老鼠做生意，所以他想打听到你的行踪并不困难。你的消息不是我们透露的。"

看见 357 沉默不语，杜花生身后的跟班插嘴道："我们原以为你们是旧相识，不过从他今天的行动来看，似乎更像是一种挑战。"

杜花生表示同意："你先不要着急，既然来了，总不能空手而归。我这里准备了几包砂糖，可以暂时解决你们的需求。今夜冰河左岸，请来接收。"

357简直不敢相信，鼠特工们居然对他仗义相助！

杜花生淡淡地解释道："猴大侠的朋友就是我们的朋友。猴大侠曾经救过我们好几位兄弟的命，还帮我们打通了一条重要的信息渠道。滴水之恩，当涌泉相报！"

357真诚地感谢了杜花生和鼠特工，并忍不住问道："城市里只有糖厂能弄到大量的糖，听说那位'一只耳'已经放出消息，不许卖糖给我，你们这样做，不怕他报复吗？我听说他功夫了得！"既然确定"一只耳"是从实验室里溜出来的，那么也就证明，他绝对不是普通的老鼠。与357一样，他也是超级老鼠实验计划中的一员。毕竟在一天之内往返森林和城市之间，以一己之力打败两家老鼠并独占糖厂，可不是普通老鼠能做到的。

"嘿嘿嘿……"杜花生身后的跟班笑了起来。

杜花生并没有直接回答357的疑问，而是带他参观了特工大本营。357这才发现，他刚刚为之惊叹的巨大空间，只能算是一个门厅。以门厅为中心，无数地道向四面八方延伸，一队队鼠特工安静而有序地在地道间穿梭。

杜花生指着一条地道对357说："从这里走出去，就能到达我们的秘密

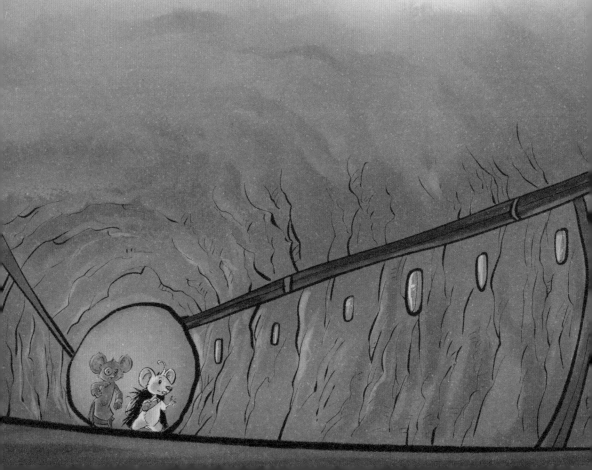

农场。土地为我们提供了一切生活所需，我们什么都不缺，包括糖。"

　　原来地下特工队一直是自给自足的！他们靠辛勤的劳动，需要什么就生产什么。至于原因，据说是因为几十年前，城市里突然展开的"灭鼠行动"让他们对人类生产的食物失去信心；也有些特工说，历史上曾经也出现过像"一只耳"这样的"鼠霸王"，垄断了一切美味的食物，漫天要价……总之，从某一时刻开始，地下特工们就关起门来白成一统，再不与外界打交道了。

像鼠特工们这样关起门来自给自足可以吗？

鼠特工们有自己的农场，他们自产自用，自给自足，不和城市老鼠进行商品交换。这种不以交换为目的的、自给自足的经济形态叫作"自然经济"。

我们现在的经济形态肯定不是自然经济——面包店每天烤出许许多多好吃的面包，可不是给面包店老板自己吃的。同样，农民种植粮食和蔬菜，工厂生产各种生活用品等，生产也都不是为了自己用，而是要卖掉赚钱。像这样直接以交换为目的的经济形式，叫作"商品经济"。

在人类的历史上，只有原始社会早期存在完全的自然经济。与其说自然经济不以交换为目的，倒不如说那时候并没有多余的东西可以拿去交换。随着人类劳动效率的提高，开始出现大量剩余物品时，这才有了商品交换，自然经济才能开始向商品经济过渡了。

像鼠特工们这样自给自足也没什么不好，只不过他们的生产能力有限。杜花生能拿出一些糖给 357 救急，但如果让他给 357 长期提供大量的糖，他恐怕也做不到。可见自然经济对应的生产力水平比较低，而且很难抵抗自然灾害的冲击，一旦粮食歉收，说不定就要饿肚子了。

古代中国是自然经济还是商品经济呢？

在以耕种和狩猎为主要生产方式的原始社会，部落里人人都能填饱肚子就已经很不容易了，很少有剩余的粮食和物品能够用于交换。后来原始人类掌握了更多关于农耕的知识，并发明农具提高生产效率，部落间开始有剩余产品用于交换。从这时候起，自然经济中间就有了一点点商品经济的萌芽。

随着经济的发展，商品交换越来越频繁，并且不再局限于我国境内，我们熟知的丝绸之路、海上丝绸之路等，都是古代中国与其他国家进行商品交换的通路。不过，尽管有这些商业活动，绝大多数中国人还是以自己的小家庭为中心，在家乡过着"男耕女织"的生活。所以我们说，中国历史上漫长的奴隶社会和封建社会时期，还是以自然经济为主的经济形态。直到清朝末期，自然经济才逐渐瓦解。

问：鼠特工们这样把自己封闭起来有什么好处吗？

问：鼠特工们自给自足的生活方式有什么缺点？

问：如果鼠特工们想从自然经济过渡到商品经济，与冰雪森林进行商业往来，有什么前提条件？

5 糖厂初会

　　357 从杜花生口中得知，原来鼠特工们的糖是从一种叫作"甜菜"的植物中得来的。种植甜菜并不难，但用它制糖需要技术。鼠特工们摸索了一整套制糖流程，从清洗到提汁过滤、蒸发、结晶、干燥都依靠手工完成。可惜现在是春天，甜菜刚刚播种，357 没能看到整个生产过程，有些遗憾。

"甜菜并不难种，如果你想自己制糖，我也可以教你。这样你就不必再和那家伙打交道了。"杜花生果然侠义心肠。

357感谢了他，但依然决定去见"一只耳"："他既然是为我而来，这次是糖，下次搞不好是别的什么东西，我早晚要面对他，否则不得安宁。"

杜花生摸着胡子点头道："没错！森林里的需求太复杂，不像我们这里，虽然弟兄多，总归都是咱们老鼠，有粮吃就不错啦！"杜花生向一位鼠特工询问了"一只耳"的行踪，把357带到另一条管道跟前道："顺着管道一直走，遇到环岛就向西北方前进，从2301号下水道口爬上去就是甜蜜蜜糖厂。"

鼠特工们发达的信息网就是靠地下交通建立起来的。大部分情况下，鼠特工们甚至不需要钻出地面，就能到达任何他们想去的角落。

357告别了杜花生和鼠特工们，沿着管道顺利找到了甜蜜蜜糖厂。糖厂仓库里，"一只耳"正斜躺在成堆的糖包上，一只脚搭在膝头摇晃着，做着属于老鼠的最美的梦。

"一只耳"见到357并不吃惊。他伸出爪子划开一包砂糖，将晶莹的糖粒塞进嘴："嗯……"他感叹道，"真甜啊……糖能带来快乐，不是吗？古往今来，无论是人还是鼠，还有森林里那些家伙，世界上没有谁能拒绝这甜蜜的味道……对吧，357？"

357想到了不吃糖的芭芭拉，不过他并不想和"一只耳"聊天，所以开门见山道："或许吧！你到底想要怎样？"

"一只耳"爪子一扬，糖像雪一样沙沙地落在357周围。

"你这么快就找到我，我一点也不吃惊。""一只耳"慢悠悠地说，"毕竟，你是传说中的UM357，第一代超级老鼠计划中最'成功'的实验鼠。"他阴阳怪气地强调了"成功"二字。

　　357倒大吃一惊——他并不知道自己是"传说中的"实验鼠，是第一代超级老鼠计划中"最成功"的那一只。

　　"一只耳"看见357的样子，带着自嘲的神情继续道："357、357、357……从我有记忆开始，就听人类没完没了地念叨你。超级老鼠计划到我已经是第三代，可他们念念不忘的只有你！他们甚至说你将无法超越，所有

人都为你的出逃感到惋惜！而我——接受过高等教育、在超强竞争中脱颖而出、任劳任怨视加班加点为家常便饭、第三代超级老鼠中的优秀成员996，竟被认为比不上你这'过期老鼠'！早该淘汰的第一代低端老鼠！哈哈哈……人类一定是把自己的脑子搞坏了。我来找你，就是要向全世界证明，我996才是超级老鼠中的王者！史上最强超级老鼠！"

杜花生说得没错！原来"一只耳"的真实身份是第三代超级老鼠，代号Ⅲ-UM996。

"所以你故意找我的麻烦是为了……"

"没错！"996打断357，"你的名声不错嘛！人人夸你好聪明，个个赞你了不起。好！咱们现在就决斗，我要看看最成功、最了不起、最伟大的357，到底有多大本领！"

"我想，你一定是记错了……也许他们说的是537、753什么的……我完全没有'超级'能力……我很普通，普通到人类把我遗忘在实验室里了！其实，我是因为饿得受不了才逃出来的。"

"你在怀疑我的记忆力吗？我会记错？"996眯着眼睛，"哼！我以为你至少要中午才能找到这里，可是天刚透亮你就来了，足见你绝不普通。好了！咱们废话少说……你已经知道我独占了两家糖厂，你森林里的伙伴们正伸长了脖子等你带糖回去呢！快来！快来决斗吧！打赢我就给你糖！"只有一只耳朵的996跳起来，摆出挑衅的姿态，嘴里咿咿呀呀地叫个不停，开始耍他的功夫。

357无奈地问道："你都找到鼠来宝了，干吗不直接找我打一架？还搞出这么多麻烦。"

"哼！我不是街头小混混，我是超级老鼠！决斗也要比智力的，可不光是打架。"

357摆摆手道："算了，我认输。糖……我不要了。对了！你的耳朵是怎么回事？"

"哦……刚跑出来的时候，夜里不小心撞见一只黑猫……"996下意识地回答。可他突然反应过来，自己和357并不是可以聊天的朋友，为什么要回答他？他翻了个跟头，又耍了几招"飞脚"，让自己冷静下来，"这与你无关！"

"那你自己保重吧！老鼠再超级，对猫还是要小心。如果你没有地方去，就到冰雪森林来找我。既然你有一技之长，只要愿意劳动，森林会收留你的。"357说完，头也不回地钻回地下道离开了。

安静的糖厂仓库里，996还伸着飞脚，愣在那里……

与357的初次会面，完全不是996幻想的样子！他原本的计划是自己用超帅的功夫把他打倒，然后踩着趴在地下的357仰天大笑，向全世界宣布："996才是史上最强超级老鼠！传说中的357不过是低端的'过期老鼠'！哈哈哈哈……"最后，357不得不俯首称臣，跪下来乞求自己卖一点糖给他。可是他现在拥有绝对的定价权，他将冷酷无情地漫天要价。从此，自己取代357成为老鼠界的传奇，"史上最强996……超级王者996……玉树临风

996……"他无数次幻想着那一刻。

可是，事情怎么会变成这样呢？那家伙……357 怎么走了呢？他不买糖了吗？"就算打不过，只要他求我，我还是会施舍一点糖给他的啊……看在同为老鼠的分儿上……"996 有些摸不着头脑，"怎么？这家伙不仅没被我激怒，还关心起我来了？"他摸着被咬掉的耳朵自言自语。

"嘻嘻嘻……嘻嘻嘻嘻……"仓库的角落里传来老鼠特有的笑声。

"糟糕！一时大意，没注意到灶王庙那帮老鼠在一旁偷看。自己的糗事岂不是要曝光了！"996气急败坏地冲出糖厂，"什么垄断！什么商业大鳄！一点用也没有！人类的老板都是骗子！"看样子，自己费了老大劲儿抢来的糖厂，非但没能证明自己比357超级，反而闹了笑话。这样一来，996更加不甘心了——一定要想办法证明自己！自己是最新一代超级老鼠啊！怎么能输给那只"过期老鼠"呢！

996 独占两个糖厂是为了什么？这种行为叫什么？

糖的市场从最初的许多老鼠家族自由竞争，到两家老鼠双头垄断，再到 996 独占两家糖厂，357 越来越难买到价格合理的糖了。996 的这种行为叫作"垄断"（Monopoly），它是一个经济学术语，也译为"独占"或"独卖"。和字面意思一样，它就是指某种产品或服务的市场被唯一的卖家给占领了，就像 996 用霸道的手段占领了两家糖厂一样。不管城市老鼠还是森林居民，只要他想要大量的糖，除了找 996 购买外，短时间内没有别的办法。

垄断到底好不好呢？对 996 这样的垄断者来说当然好，所有的资源都掌握在他手里，大家都要求着他买东西，他自然就获得了一种"权力"——他可以随意给商品定价，即使这个价格不合理，大家也没有办法，只能接受，毕竟只有他这一个卖家。而对 357 这样的买家来说就太糟糕了，幸好糖不是必需品，否则他只能受 996 的欺负，高价购买了。

我们国家对一般商业活动中的垄断行为是严格禁止的，明白了垄断的含义，你就知道这是为什么了。假如日常生活中某些商品被某一个商家给垄断了，那结果就是我们作为消费者没有选择，只能被动接受质量很差或价格过高的产品。

从消费者的角度，我们自然希望面对的是一个自由竞争的市场，卖家们各显神通，用物美价廉的商品来吸引消费者，那些质量差、价格高的卖家会自然而然地被淘汰出局。

可是，竞争对某些行业来说并不见得是最好的，比如我们每天都要用的自来水、电、煤气、天然气等。试想一下，假如自来水像饮料公司一样，有好多品牌自由竞争，今天这家公司的水因为质量问题倒闭了，明天那家公司为了吸引客户打折促销，鼓励大家多用水……是不是既不方便，又容易造成浪费？所以在我们国家，关乎国计民生的行业几乎都属于垄断行业，是不允许私人经营的。那么垄断这些行业的是谁呢？正是国家自己。对于居民用水、电力、医疗等行业，国家垄断的目的是保证质量，并将价格控制在合理范围内。

还有一个特殊的行业，国家垄断它的目的不是降低价格，反而是抬高价格，那就是烟草行业。其实烟草的成本很低，但是价格很高，这是国家作为垄断者故意而为之，用高价格降低人们吸烟的意愿。可见，垄断到底是好是坏，还要看如何利用它。

1

问：996 为什么要独占两家糖厂？

2

问：996 作为垄断者有什么权力？

3

问：所有的垄断都是为了消灭竞争对手，抬高价格吗？

6 二度交手

357 顺利返回冰雪森林的当夜，鼠特工们果然如约将 3 大包砂糖送到了冰河对岸。鼠特工们自己生产的砂糖，比人类生产的砂糖颗粒粗一些，颜色也微微发红，不过风味倒是更胜一筹。

扎克用新砂糖试着卷了一支仙女丝，糖丝也是浅红色的。

京宝打趣道："这下子不是'仙女丝'，应该改名叫'女巫丝'了。"

357解释说："这是鼠特工们用自己种的甜菜制作的糖。没有经过提纯，所以是淡红色的。"

扎克憨笑道："哈哈！这不就是芭芭拉最喜欢的'纯手工'制作吗？她要不是尝不出甜味，一定爱死红色仙女丝了！"

357点点头："我这次还参观了鼠特工的大本营，他们可真了不起！地下完全是另一个世界，地道四通八达，能到达城市的任何角落……不过，鼠特工们偶尔也需要爬到地面上去收集信息。地面上危险太多，他们得戴上一条京宝这样的假尾巴做伪装……"357拎起京宝毛茸茸的大尾巴。

京宝好奇地问："我记得！不过……真有用吗？"

357回答："对人类挺有用的，不过对猫没有用，他们能闻出老鼠特有的味道。"

扎克若有所思："鼠特工们这次帮了咱们的大忙，咱们也应该为他们做些什么……你这么一说，我觉得'仙人披风'或许正合他们用啊！"

"对啊！"357开心地说，"就算是猫，也拿'仙人掌'没办法呢……城里的流浪猫好凶，996功夫那么好，还不是被咬掉了一只耳朵……"

"等等……谁？"扎克和京宝一齐问。

"就是芭芭拉说的那位'一只耳'。原来他和我还有些渊源，他是第三代超级老鼠，代号996。"357向小伙伴们描述了他在糖厂与996的会面，

"糖的麻烦就是他搞出来的！他非要和我决斗，真奇怪！希望他别再给我们惹麻烦了……"

京宝和扎克对视一眼，握着小拳头齐声说道："不！我们想看你和他决斗！"

"啊？！"357万万没想到，他最好的两个朋友居然是这个反应。

京宝对扎克说："都说咱们357是超级老鼠……是吧……"

扎克点头如敲鼓："嗯！嗯！到底超级在哪里，我们也想知道，是吧……"

京宝和扎克就这样，你一言我一语，笑嘻嘻地看着357。

357无奈地耸耸肩："说实话，我也不知道。也许就像996说的，我是已经被淘汰的'过期老鼠'吧……"

看到 357 叹气，扎克赶紧走到他身边，搓着 357 的脸蛋笑道："我们开玩笑的！你当然是超级老鼠啦！你超级聪明、超级可爱！"

京宝拍拍 357 的头："对！超级善良、超级勇敢！"

357 被他俩逗笑了。而此刻的鼠来宝外，996 正躲在草丛里，津津有味地观察着 357 的一言一行。

"哼！幼稚。"996 不屑地说，"明天就给你们来个'超级大麻烦'！"说罢，996 迅速地溜走，连树上的猫头鹰捕头都没发现他。

第二天一早，996 出现在冰雪森林的春天集市上。

"走过路过不要错过！快来看看最新潮流。健康食品'十全大补鸡'，味道鲜美，营养齐全！"

一年两次的集市是冰雪森林最热闹的活动，无论你来自哪里，森林集市都欢迎。996不知从哪里弄来那么多货物，他自己站在摊子上扯起嗓子吆喝。

　　"什么是'十全大补鸡'？听都没听过！"路过的森林居民似乎并不是很感兴趣。

　　996卖力地介绍道："唉！现在城里都流行'素食主义'，咱们森林里还在吃鸡？实在是太落伍啦！"

　　"咦？'十全大补鸡'难道不是鸡吗？"

　　996眼睛骨碌碌地转起来，笑道："这'十全大补鸡'的'鸡'，意思是鲜美如鸡肉，却不是用真鸡肉做的。妙就妙在这里，它能提供鸡肉的口感和营养，却并不需要剥夺鸡的性命！"

　　"我们祖祖辈辈都是吃肉的，我们这种体格，不吃肉哪有力气劳动！"食肉的森林居民很不满意这种城里做什么，就逼他们跟风的观念。

　　996双手叉腰，阴阳怪气地说："哎哟哟！这跟体格没有关系！你们知道，南方的河马啊，大象啊，水牛啊，熊猫啊可都是吃素的，既不担心长身体，也没少了力气。"大家虽然明白这是诡辩，却一时想不出什么话来反驳他。

　　996发现大家似乎对"十全大补鸡"不是很感兴趣，无非看个热闹，就更加卖力地宣传起来："为什么有的人决心吃素？那是因为他们终于觉醒，我们的生命与他们是平等的！不应该剥夺动物的生命来满足自己的口腹之欲！人类已经觉醒了，可是我们还在自相残杀！"996指着一只老虎道，"比

如你，你能和兔子、驯鹿做朋友，可是鸡何其无辜！鸡的命难道不是命吗？鸡被你咬死时难道不会疼吗？哦……对对对，因为他们不会说话，他们不是森林原住民。"996 又指指山鸡弟弟，"可是，养鸡场里面的鸡，和他们是同宗同源哪！你们大口吃鸡的时候，考虑过这位山鸡弟弟的感受吗？"在场的肉食森林居民大气不敢喘，一会儿瞟瞟 996，一会儿面带愧疚地望着山鸡弟弟。山鸡弟弟则被那些肉食居民看得打起了寒战……

"是时候放过那些可怜的小鸡了！我们应该放弃野蛮的生活方式！'十

全大补鸡'是科技的杰作，不以任何动物的生命为代价。一包'十全大补鸡'能够满足每餐所需的全部营养，而且物美价廉！来吧，森林里的兄弟姐妹！珍爱生命，拒绝杀生，众生平等！现在！对，就从现在开始！拥抱美味的'十全大补鸡'！"

看大家的表情从完全不信变得犹犹豫豫，996 趁热打铁："一个森林通宝买两包，便宜得不得了！"

吃肉是不道德的吗?

人类的身体天然需要各种营养,而肉类作为蛋白质的主要来源之一,是我们饮食结构中不可或缺的部分。虽然我们都喜欢小动物,可是肉真的很美味啊!面对这种矛盾该怎么选择呢?

在纪录片里看到猎豹捕杀羚羊的画面时,你会觉得猎豹太残忍或者"不道德"吗?无论是猫吃老鼠、大鱼吃小鱼,还是猎豹吃羚羊,它们的行为都是出于本能和生存的需要,是生物链的一环,维系着自然界各物种之间的平衡,所以不能用是否道德来评判。人类需要蛋白质也是出于身体的需要,特别是处于生长期的小朋友,肉类提供的营养很难被轻易替代。素食主义是个人选择,但不应该因此谴责吃肉的行为。如果你心疼那些小动物,就请认真对待食物,不要浪费。

今天的人类已经意识到被养殖的动物所承受的痛苦,正在用更科学的方式增加它们的快乐,减少死亡时的痛苦,采用更加"人道"的方式进行饲养和宰杀。

"十全大补鸡"与阿黄养的鸡是什么关系?

想一想,假如以肉为食的森林居民以后都只吃996的"十全大补鸡",最直接的影响是什么呢? 一个可能的答案是,黄鼠狼阿黄养鸡场的鸡就变得非常不好卖了。像这样能够给消费者提供相同效用的产品,互为"替代品",一种商品的替代品可以有许多种。两种互为替代品的商品最直接的关系,就是一种商品价格的下降会导致消费者对另一种商品需求的下降,反之亦然。

替代品这个概念有什么用呢? 对于生产厂商来说,如果它生产的产品在市场上有很多替代品,往往意味着给商品定价时,必须考虑到其替代品的价格,否则可能因为定价过高而卖不出去。比如市场上众多的茶味饮品,功能上来说都是饮料,口味差别也不大,也就是说,它们给人提供的效用几乎相同,相互之间都是替代品。所以你会发现,这类商品虽然喜欢强调自己在选材、口感等方面有特别之处,但价格差别不大。因为替代品太多,一旦某品牌价格明显高于其他,消费者就很容易选择其替代品,导致该品牌销量下降。

1

问：吃肉的人不道德吗？

2

问：996 为什么要鼓吹吃素？

3

问：冰激凌生产厂商可以随意提高自己生产的冰激凌价格吗？

996 那些花里胡哨的宣传语，说到底不如"便宜"两个字管用——一个森林通宝买两包"鸡"？的确便宜得不得了。

森林通宝是森林银行成立之后，由银行总经理猴蹿天提议，经森林委员会表决通过后出现的新货币。森林通宝由森林银行在事务所的监督下，用铜合金统一铸造，外圆内方，方便用藤条穿起来收纳和携带。猴蹿天提议发行森林通宝的主要原因是森林商业街越来越繁荣，金银不够用了。而且金银币虽然可以切割，可是切割和称重毕竟太麻烦，有些便宜的小玩意儿，切来切去还是太重了，所以森林银行用比金银便宜、产量又丰富的铜来制造小额货币。1 枚银币可以兑换 100 个森林通宝，这样，森林居民平时带些森林通宝在身

上就足够日常使用了。

　　话说回来，比起黄鼠狼阿黄养鸡场里那些要 50 个通宝一只的鸡，一个通宝两包的"十全大补鸡"实在是太便宜了！

　　"一个通宝买两包，买不了吃亏，买不了上当！来吧，买鸡认准 996！"

　　森林居民们纷纷掏出通宝购买"十全大补鸡"，倒不是因为他们相信 996 那些鬼话，主要是这么便宜，试试也无妨。996 带来的十几箱货很快就卖光了。

出乎大家意料的是，"十全大补鸡"的味道着实不错！996说它不是肉，可是味道鲜美，口感筋道，吃起来和鲜鸡几乎没有区别。更妙的是，"十全大补鸡"是有味道的，咸咸的、麻麻的、辣辣的，层次丰富，回味无穷，这是森林居民们没有体验过的。于是996和他的"十全大补鸡"很快就风靡了整个冰雪森林。食肉居民们有了新主食，又省了好多钱，开心极了。因为这个，连贼眉鼠眼的"一只耳"看起来都顺眼了许多。

当然，也不是所有的食肉森林居民都开心，比如……黄鼠狼阿黄和他的

养鸡场的伙计们。他们不爱吃"十全大补鸡"吗？当然不是。可是自从996带着"十全大补鸡"来到森林里，养鸡场的生意基本全面停滞了。除了零零散散地卖出几个鸡蛋，鸡是一只也卖不出去了！眼看小鸡变大鸡，一袋袋的饲料喂进去，却一分钱也收不回来，阿黄快要急死了。

"这家伙到底要做什么？他做生意难道不为赚钱吗？他那些东西难道没有成本吗？"阿黄怎么也想不明白。他感到996来森林里似乎根本不为赚钱，好像专门为了挤垮自己的养鸡场而来。

其实阿黄想多了，996 的确不怀好意也不为赚钱，可他的主要目标依然是 357。他所谓"十全大补鸡"其实就是人造肉，而且都是超级市场里卖不出去的过期食品。为了掩盖变质的怪味，996"聪明"地用大量的盐和香料进行加工。"十全大补"更是无稽之谈。城市里那么多家超级市场，搜罗这些东西根本不费劲。至于成本，城市老鼠们偷点垃圾就能把 996 这位暴力狂送走，他们求之不得呢，别说白送，倒贴都愿意！ 996 打的主意是，既然要一决胜负，武力和智力反正都要拼的。自己惹点麻烦，让 357 来应付，也算是一场比试。

可怜了老老实实养鸡的阿黄，他在鼠来宝里哭诉："你超级在哪里我不清楚，但我看 996 这家伙真是超级难缠！我说他坏了规矩，他说要怪就怪我自己不肯降价。天哪！我养一只鸡，要花多少钱呢？但是不降价养鸡场就无法维持，跟他卖同样的价格又肯定赔本。"

"357，咱们跟他拼了！既然他要一决高下，你不应战他是不会罢休的。干脆给他点厉害瞧瞧，让他早点死心，滚出冰雪森林！"京宝倒是斗志满满。

"嘿嘿，不应战也不行了呢……"芭芭拉笑嘻嘻地说。她为什么又在鼠来宝？原来她正捧着《时代猫刊·增刊》津津有味地读着——357 在城里与

996 的第一次会面已经被《时代猫刊》全面而详细地报道了，而且等不到下个月，居然弄了个"增刊"出来！这些养尊处优的城里猫，真是闲得很呢！

"可以说是万众期待！《时代猫刊》决定对这场'超级老鼠大对决'进行跟踪报道，据说因为这个，《时代猫刊》的订阅量一下子就翻倍了呢！"芭芭拉拍着桌子笑道。

阿黄却笑不出来："我的养鸡场可能等不到 357 打败 996 的那一天了……真倒霉，刚从森林银行贷款扩大生产就遇上这种事情。我的积蓄用光

了，没钱买饲料，也没钱发工资……鸡还在不停地下蛋，可是鸡蛋卖不出去，已经变成臭鸡蛋了！贷款是还不上了，我可能要破产了……"阿黄说着，眼里闪出了泪光。

"'一只耳'都不是什么好东西。"芭芭拉撇嘴道，"你以为他卖的真是什么'十全大补鸡'？那不过就是超级市场里过期的人造肉，而且咸得要死！'狸猫记'好多客人都掉毛了！你再坚持一下，等357把他赶走，咱们森林就太平了！"芭芭拉已经把自己当作森林的一员了。

357振作起来："对！不能退缩！不能让大家因为我受害！我要应战！"他暗暗想，握紧了拳头。

"鸡和鸡蛋嘛，我来想办法……对了，我可以把鸡和鸡蛋送给鼠特工们，他们自己生产粮食，可是他们很少能吃到肉，我来安排你们交换！"357 这个主意不错，交换是互通有无的好方法。

　　"好，好！太好了……"阿黄激动地说，"至少不会白辛苦！"

"养鸡场只要撑下去就是胜利！"357 安慰道，"那家伙是来找我决斗的，他的目的是证明自己各方面都比我厉害，所以只要我破了他这一局，他就不会再卖'十全大补鸡'了。放心！一切都会好起来的。"

　　357 捏了捏自己手臂上的肌肉："哼！'过期老鼠'也不是好欺负的！"

方孔圆铜钱是什么时候出现的？

森林居民们最早的货币是大雁带来的贝壳。因为贝壳易碎，森林里又没有贝壳能补充，所以逐渐被用金属制成的"贝币"取代。在中国历史上，最早出现的金属货币就是青铜币。各种各样的铜币从商朝开始就陆续出现了，比如贝币、刀币、布币等，都是铜质的。而最早的方孔圆铜钱是秦代的"半两钱"，汉代半两钱进一步确定了这种样式，从此，中国范围内使用的铜钱基本统一为"外圆内方"的形制。据说这种设计体现了中国古人"天圆地方"的宇宙观，不过更多的是为了制造和携带方便。

虽然金银币曾在西方世界大范围地流通，但真正在我国民间使用的金属货币主要是铜钱。从"秦半两"出现，方孔圆铜钱一直在民间流通，直至清朝，历朝历代都铸造名为"通宝"的铜币，"孔方兄"至今依然是钱的代名词。而金银则多被储藏在金库里，极少在民间流通。

"破产"是什么意思？

一般来说，稍具规模的公司在经营时都会产生一些债务，有债务不代表经营状况不佳，比如阿黄的养鸡场虽然生意很好，但现有资金不足以支持他扩大规模，所以他选择向森林银行贷款，这对养鸡场来说，就是一笔债务；再如，阿黄长期从鼠来宝购买饲料，因为合作很好，所以阿黄可能到每个月底才付款，那么在月底之前，养鸡场对鼠来宝也有债务。不过，以上两种情况在养鸡场顺利运营时根本就不是问题，只要养鸡场生意好，阿黄必然能够顺利偿还贷款、结清饲料货款。

可是现在，意外发生了，养鸡场的鸡卖不出去，阿黄突然没有收入了！但是鸡是要吃饲料的，而且阿黄还得给员工发工资，一旦阿黄的积蓄用光了，他不仅无法偿还债务，连经营也无法维持了！像这样当一家公司无力偿还债务时，这家公司就可以向法院申请破产，停止经营并依照法律偿还债务。

如果阿黄申请破产，他的资产（包括养鸡场和剩下的鸡、鸡蛋）将被卖掉，用收回来的钱偿还森林银行的贷款和鼠来宝的债务。严格来说，破产是一种法律程序，它既避免阿黄背上越来越多的债，也保护森林银行和鼠来宝承受过大的损失。

1

问：996 见宣传语无效，马上强调他的商品便宜，这是为什么？

2

问：商品降价对生产者有影响吗？

3

问：森林养鸡场的生意为什么突然不好了？

阿黄的鸡、鸡蛋和扎克缝制的"仙人披风"很快就通过四通八达的地下管道送到了街心花园底下的鼠特工大本营里了。鼠特工们已经很久没有开过荤，为了这一场盛宴，他们简直要开庆祝大会了！杜花生不仅回赠了特工们自己耕种的粮食，还把甜菜种子和耕种方法提供给了357。正是春耕时节，等森林里的甜菜成熟了，森林居民们就再也不用为糖发愁了。

鼠特工用来交换鸡肉和鸡蛋的粮食正好作为饲料，阿黄的养鸡场虽然收入大大减少，可总算不用担心倒闭了。现在，357可以集中精力对付捣蛋鬼996了。

春天集市之后，996并没有离开森林，反而在中央广场摆起摊儿来了！

"其实……我不太明白！"京宝问道，"虽然我同情阿黄，可是听大家说，那家伙卖的'十全大补鸡'味道很好，又便宜，等于帮大家省钱了，这有什么不好呢？"

扎克也正有同样的疑问："要不是知道他是来向你挑战的，恐怕我也要和大家一样，以为那996做的是好事呢！"

357点点头："卖得便宜是因为那些东西都是他白捡来的！现在看来也许不坏，可是许多事情不能只顾眼下，不顾未来。你们想想，假如从此以后，食肉森林居民都习惯了吃'十全大补鸡'，那会怎样呢？"

"哎呀！"扎克叫道，"那阿黄要倒霉了！假如大家都吃'十全大补鸡'，谁还会花几十倍的钱，去阿黄那里买真的鸡呢？"

"对呀！"京宝也反应过来了，"这么说，996不是来做好事的……他真正的目的是……是……"

"挤垮阿黄……垄断鸡肉市场！"扎克和京宝齐声说。

357严肃地说道："没错！阿黄养鸡场一旦倒闭，短时间内很难恢复。这样，食肉居民的命不就捏在他996的手里了吗？就算都知道他卖的不是好东西，可没有别的选择呀！一旦到了这个地步，他还会一个通宝卖两包吗？

与他垄断糖厂一样，他想要我们都看他的脸色罢了……"

京宝吓坏了："更可怕的是……如果他一直涨价，食肉居民吃不起'十全大补鸡'，岂不是……岂不是要回到过去，吃咱们啦！"

扎克急吼吼地喊道："不行！得赶紧报告熊所长，让御林军把他赶出冰雪森林！"

"那他很快就会惹别的麻烦，直到证明我斗不过他，他才是最聪明的超级老鼠。"357叹了口气，"都怪我，在糖厂真应该与他决斗。他垄断了糖厂，又打败了我，或许就满意了……是我连累了大家……"

"别这样说！"芭芭拉跳到357面前，"我们喜欢看热闹！"谁也不知道芭芭拉是什么时候出现在鼠来宝里的，反正自从357从城里回来，她就

时常神不知鬼不觉地溜进店。

"是'你'喜欢看热闹！"京宝生气地盯着芭芭拉。

"357，你到底有没有功夫，打不打得过他呀……"扎克担心起357的安危，恨不能再发明出一些新式武器，帮357打赢这场仗。

"要不要我教你几招祖传捕鼠绝技？就算你没他力气大，至少能够保住你的小命……"芭芭拉对于这场"超级老鼠大对决"表现出异常的热心。

京宝撇撇嘴："你要教老鼠……捕鼠绝技……"

"哎……招数就是招数嘛！"芭芭拉摆摆手，"不管是谁家的绝招，能捉到老鼠，就是好招！你看好了啊……"芭芭拉说着就摆起架势，要教357捕鼠。

京宝示意她暂停："等等，357还没说要决斗呢！你怎么就教起来了。357毕竟是'过期老鼠'，这样直接决斗，会不会太冒险了……有没有别的办法呢？"

"哎呀！没有别的办法啦！"芭芭拉一跺脚，"这一架是非打不可了，因为……"她眼睛张得圆圆的，"我已经帮你约好啦！"

大家齐声惊叫："什么——？！"

"嘿嘿……不客气不客气！"芭芭拉居然得意起来，"我看你犹豫不决，干脆帮你一把。我已经帮你约好了，今晚决战雪山之巅。喏，这是我替你给那家伙下的战书，一式两份，你留个纪念吧！"

扎克简直要被嬉皮笑脸的芭芭拉气炸了！这家伙，看热闹还不够，居然帮357约起架来了！扎克刚要爆发，芭芭拉居然笑道："不用谢……"

谁要谢谢她啊！

京宝拿起战书念道："'你要战，便作战'……完啦？"

芭芭拉点点头："完啦！怎样，文采不错吧！"

哪有什么文采，不过是盗用了人类的话嘛。

357叹了口气："也好，战就战吧！"

"这就对了嘛！"芭芭拉拍着爪子笑道，"对付'一只耳'这样的无赖，怎么能讲道理呢？你只管去决斗，我暗中保护你！"

森林三侠齐齐地望着芭芭拉，奇怪她为何对这场决斗如此关心。

"是这样的……喀喀……"芭芭拉一本正经地说，"你们要决斗的事呢，

在猫界引起了极大反响。鉴于我与你的特殊交情，本小姐——芭芭拉女伯爵，已经正式被《时代猫刊》聘任为特约记者，对此次事件进行跟踪报道！"

原来如此！难怪芭芭拉最近几乎常驻鼠来宝，看来她不是关心357，而是巴不得赶紧决斗，自己好作为"特约记者"登上梦寐以求的《时代猫刊》。

这下京宝和扎克真的生气了！

他们俩异口同声地拍着桌子喊道："芭芭拉，你太过分了！你知不知道，357虽然号称超级老鼠，但是其实他一点超能力也没有！战斗力更是差得要命！"

芭芭拉一时间弄不明白他们是开玩笑还是认真的："哎……我……难道357真如传闻所说，是已经被淘汰的'过期老鼠'？"

357倒不介意："哎……其实我也没那么糟糕……总要去面对的，能打败他最好，就算不行，他证明了自己比我超级，也就不会再来捣乱了，对吗？"357挺乐观。

"你们放心！我芭芭拉说到做到，一定保护他平安回来，这还不行吗？"芭芭拉这是求饶了。

京宝道："一根毛也不能少！"

扎克说："一点伤也不能有！"

996 为什么要超低价销售"十全大补鸡"？

无论"十全大补鸡"是 996 用什么手段得来的，与替代品（阿黄的鸡）相比，它的价格已经过于便宜了！商品以低于正常价值进入另一个市场的行为，叫作"倾销"。与一般的打折促销活动不同的是，倾销的目的不是短时期内提高销量，而是把别的卖家挤垮，从而占领市场。如 996 一样，他不是为了赚钱，也不是为了把东西卖出去，而是要挤垮森林养鸡场，刁难 357。

如果在我们的世界，996 是不容易得逞的。因为我们人类的市场有规则，有"裁判"，他们会及时发现倾销行为，并用法律法规制裁倾销者。世界上各个国家都会立法防止外国商品倾销，既是为了保护本国生产者，同时也是保护本国消费者的利益。

森林里只有阿黄一家养鸡场，那他是垄断吗？

按照垄断的定义，阿黄养鸡场确实可以垄断森林的鸡肉市场。不过，无论什么生意，一家独大都是不太好的。阿黄目前是按照成本定价的，价格合理，又向森林事务所交税，因此他虽然处于垄断地位，却暂时没有垄断的行为。想象一下，假如阿黄有一天突然变坏了，动不动就涨价，那可怎么办呢？森林居民们短时间内还真的没有办法，所以像阿黄这样掌握着重要资源的厂商一旦占据了垄断地位，是一件非常危险的事。

我国在 2007 年颁布了《中华人民共和国反垄断法》，就是为了预防和制止垄断行为，保护市场公平竞争，进而维护消费者的利益。

1

问：996 的"十全大补鸡"卖得特别便宜，他是在做好事吗？

2

问：对森林居民来说，阿黄养鸡场倒闭有什么坏处？

3

问：冰雪森林有法律可以制止 996 的倾销行为吗？

9 决战雪山

北方的春天，乍暖还寒，夜里尚有凉风阵阵。

树林里，御林军巡夜的信号此起彼伏，猫头鹰发出咕咕声，狼群则用嗥叫回应。森林的夜晚，既安静，又热闹。

357趴在芭芭拉的背上，向山顶进发。他想起一个成语——"骑虎难下"，被芭芭拉这么一折腾，他不得不去和996决斗了，"骑猫"也挺难下的……

　　"我教你的可都是秘不外传的绝招。你有了这几招，以后我都拿你没办法，还怕那一只耳朵的家伙？"芭芭拉也许是为自作主张给996下了战书而内疚，竟然把祖传捕鼠绝技倾囊相授，"千万别怕！"

　　357风轻云淡："我不怕！"

　　"当然，你也不要死心眼儿。招是死的，你是活的。我看你有点功底，

的确有一点'超级'……"芭芭拉记不清自己学这些招数花了多久，而357

只是看了几遍就全记住了，这令她惊叹不已。

"嗯……"

"哦，对了！我还有一条十字箴言送给你，你听好了——打得过就打，

打不过就跑……"芭芭拉一路上说个不停，啰啰唆唆。

"哦！还有……我就在石头后面趴着，你喊我一声，我就冲出来帮你……

至于那个特别报道……哎！你不要管它，不管你是胜是败，我都要把 996 的劣迹写出来，让猫界全体出动缉拿他！嗯……还有……"

"喂喂！" 357 看出来了，芭芭拉一直叮嘱 357 不要害怕，不要紧张，其实她才是最紧张的，"就算你没有替我下战书，996 也是非要决斗不可的。我没有怪你，也不会有危险的，你可以放心了吗？" 357 似乎明白芭芭拉此刻的心情。

"呼——"芭芭拉长呼一口气，"对不起！是我太鲁莽了。你要是被他打死了……我……我也没脸在冰雪森林里住下去了。"

"虽然 996 看起来像个暴力狂，可是超级老鼠计划的目标并不是培养大力士，他也说过，'决斗'不只是打架，否则他何必一会儿搞垄断，一会儿搞倾销呢……"

357 话音未落，月光从厚厚的云层间钻了出来，山顶的池水像镜子一样闪亮。996 不知何时已经站在大石头上，夜风吹动他的披风，呼啦啦地响着。

"哎呀呀！忘了叫 357 穿披风，气势上输了呀……"芭芭拉暗自懊恼道。她把 357 放下，自己悄悄潜伏起来。

"你居然来了，倒是个男子汉！" 996 依然阴阳怪气，"怎么样？拿我的'十全大补鸡'没办法吧？趴下来求饶，喊我一声'超级老鼠之王'，我就饶了你。"

357 不屑地回应道："你就快大难临头了，有什么好得意的！"

"大难临头？哼，在那些榆木脑袋的森林居民眼里，我——超级老鼠

996，就是创造幸福生活的神！谁会找我的麻烦？哈哈哈哈……"

357笑道："你那些劣质产品还能卖多久？恐怕等不到养鸡场倒闭，你就快捡不到那么多垃圾了吧？"

"什么？你……你……"

"没错！我知道你要做什么。你用这些没人要的垃圾来占领我们森林的市场，等你没有竞争对手的时候，再漫天要价，就像你占领糖厂一样！"

"我不信！你骗我！难道你不是因为智力输给我，拿我没办法才出来决斗的吗？"996不愿相信自己的手段早已被357看穿，为了最后的尊严拼死嘴硬。

"你无非是想先倾销再垄断，这点自作聪明的小把戏，从你第一天卖'十全大补鸡'开始就被我看穿了！"

"不可能……你怎么可能……"

"我选择决斗，是为了你好。你也不看看，买你东西的都是谁？老虎、棕熊、老鹰、猞猁、狼……不管你是第几代，不管你多么超级，连他们都敢骗，我看你是不要命了。"

996依然嘴硬："哼！那些头脑简单的家伙吃得开心极了！感谢我还来不及呢！"

"感谢？告诉你，熊已经开始掉毛，狼也拉肚子了！我劝你赶紧逃吧！"

"哼，'过期老鼠'只有这点本领吗？想骗我离开？做梦！"996显然不愿轻易认输，他又开始咿咿呀呀地耍起功夫来了。

"我的确不会，可你耍了这么多次，路数我早记下来了。我肯定打不过你，但你也伤不到我。"

996喘着粗气，脑子飞快地运转着："不应该呀！功夫技能是第三代超级老鼠特有的，前代老鼠们并没接受过这类训练。357作为低端'过期老鼠'，不可能在体能和智力两方面同时打败第三代超级老鼠中的翘楚——我啊！"

357问道："你看，咱们还要继续打吗？"

见996没有回答，357继续说道："我知道，成为一只有代号的超级老鼠是不容易的，你也一定吃过不少苦头……可咱们是同类，难道非得分出高下，不能做朋友吗？"

996 吃惊地望着 357。看穿他的鬼把戏、躲过他的飞脚，都不如这句话令他震惊。

996 有些不相信："我断了你们的糖路，还要挤垮养鸡场……你……居然愿意和我做朋友？"

"为什么不？你是只出色的超级老鼠，你聪明有能力，只是用错了地方。如果愿意善用你的能力，做好事，我想大家会欢迎你留下来的。" 357 笑道，"对付你可不容易，给自己找个帮手，总比找个大麻烦强！"

芭芭拉暗自为 357 叫好。996 也颇为感动，他伸出双臂，想拥抱 357，但他突然停下，似乎想起了什么："别急……还有一件事……"

現实中的倾销行为应该怎样应对？

当遇到外国企业的倾销行为时，许多国家会依照法律法规对商品征收"反倾销税"。这个税有多高呢？有时候接近100%，有时候甚至是200%，也就是说，卖100块钱的商品，要交100—200块钱的税。如果不停止倾销，这就必定是一笔亏本买卖。如此一来，外国商品就不能在本国廉价出售，本国产品在市场上依然有竞争力。

就因为森林里没有"反倾销法"，996差点把养鸡场挤垮了！森林里没了自己的食品厂，万一996疯狂涨价或者干脆跑路了，后果都是不堪设想的。所以我们国家很早就制定了法律，明确反对外国倾销的原则，这既是出于保护本国工业的长远考虑，也是为了保护我们大家的利益。

有,就是我们常听说的"WTO"。它的全称是"世界贸易组织"(World Trade Organization),是一个负责维持成员国间贸易秩序的国际组织。WTO 成立于 1995 年,总部位于瑞士的日内瓦。

注意,WTO 并不是谁家的事情都管,它只负责"成员国"之间的贸易纠纷。我们中国也在 2001 年底加入了这个组织,这样,如果在与其他国家进行商品交易过程中出现摩擦,就可以提请 WTO 进行裁判。

此外,WTO 也不是唯一的贸易组织,世界上还有许多区域间的贸易合作协议,也就有相关组织负责纠纷处理。比如我国与东盟十国、日本、韩国、澳大利亚、新西兰之间达成的高级自由贸易协定——区域全面经济伙伴关系协定(Regional Comprehensive Economic Partnership,简称 RCEP),就制定了比 WTO 更高效的纠纷处理办法。

1

问：996 的东西为什么能卖那么便宜？

2

问：阿黄为什么不能用降价来对抗 996 呢？

3

问：假如森林里也有法律禁止倾销，996 还能得逞吗？

10 握手言和

森林大道东侧的一小块土地是兔子们的领地，除了少数几只有手艺的兔子外，大部分兔子都务农，为食草居民提供新鲜的蔬菜水果。哦，对了！鼠特工们赠送的甜菜种子就播撒在这片土地上，经过几场春雨的滋润，已经长出嫩绿的芽。兔子们喜欢甜味，也愿意种植能够制糖的"神奇植物"，他们勤勤恳恳地呵护着一小片甜菜地。

清晨时分，芭芭拉和两只刚刚结束战斗的超级老鼠来到兔子领地时，一群兔子正在菜地边上抱头痛哭……

996露出尴尬的假笑："嘿嘿……这……就是我刚说的'一件事'……"

996知道"十全大补鸡"卖不了多久，所以在决斗之前，以一己之力毁掉了兔子们的甜菜地，打算继续用糖来和357对战。

"唔……现在，我是说'现在'，你还愿意和我做朋友吗……"996斜眼看着357。

"你这家伙！"芭芭拉说着就伸出爪子要教训996。虽然她尝不出甜味，却见不得996故意搞破坏。

357制止了她："其实自己种甜菜本来也不太靠谱。等甜菜成熟了，我们还得学习制糖，能用上自己生产的糖，怎么也要冬天了……"

996马上说道："哎呀，以前咱们是对手，现在咱们是朋友了！两大糖厂早被我独占了，你还担心糖做什么？以后，森林里的糖我来负责，将功折罪，好不？"

"不管怎么说，你把兔子们辛辛苦苦耕种的甜菜地给毁了，应该……"

"道歉道歉！"996倒挺爽快，他径直走到兔子们面前道，"各位兔兄兔姐，在下史上最强……哦不，与357并列强的超级老鼠996，一念之差毁了菜地，后悔不已。明日我将奉上'十全大补鸡'，向各位赔罪。"

兔子们咬牙切齿："果然是你！"

"你也配和357并列？357是超级可爱，你是超级讨厌！"

"谁要那吃了会掉毛的玩意儿！"

"等着大家来收拾你吧！"

996 缩着脖子跑开，心想，幸好已经与 357 讲和，否则自己的计谋还没得逞，就要被整个森林追杀了……

芭芭拉见 357 已经"收服"了 996，就放心回家写稿子去了。

357 带 996 回到鼠来宝，京宝和扎克没想到，旷日持久的"超级老鼠大对决"最终竟然是这个结果。

"讲……讲和啦？"扎克见 357 平安归来松了一口气，又觉得有点不过瘾。

"算是平手，没有打下去的必要了。"357 朝 996 挤了挤眼睛，"对吧？"

"嗯……对呀对呀，哈哈哈哈！他……他虽然'过期'了，可是……也

挺厉害的，我俩……并列超级，嘿嘿！"996 为表示友好，故意龇牙微笑。而作为一只聪明的老鼠，他现在已经非常清楚，为何实验室的人类对 357 念念不忘，他的超级之处的确是极不平常的。

357 的超级之处并不在功夫、力量、速度这些身体上的技能，也不是经训练学得的知识。这些东西，凡是有代号的超级老鼠都具备。他的超级之处并没有显露在外，但只要靠近他，就能感受得到。

大家都看过 996 耍功夫，可是 357 不仅在看，他还在细心观察，所以他不仅发现 996 的功夫套路重复，还完全记住了！

996 独占了糖厂，想故技重施垄断鸡肉供应时，被 357 一眼看穿！

996 想要一决高下，而 357 对胜负毫不在意。他不争强好胜，却也不怕面对 996。

最重要的，在 996 不断搞破坏之后，357 还能看到他的优点，主动讲和，化敌为友……

357 拥有超强的观察力和学习能力，他能透过表象看到本质，目光长远，有勇有谋，还有一颗善良又平静的心……别说作为一只老鼠，即使在聪明的人类中，这也是不可多得的超级品质！

996 越想越觉得羞愧。357 是他的同类，当初自己为什么非要和他一决高下，惹出那么多麻烦？假如一开始就和他做朋友，向优秀的朋友学习，那该多好……

京宝小声问 357："喂喂！你把这捣蛋鬼带回来做什么？"

357 指指 996，大声笑了起来："免费劳动力呀！给咱们打工，赔罪！"

原来，357 把 996 造成的损失算了一笔账，996 必须用劳动来还债。正沉醉在友谊中的 996 简直不知该开心还是难过……

事实证明，357 把 996 带回鼠来宝的决定是正确的。鼠来宝经营得越来越好，仅靠森林三侠还真有点忙不过来了。996 是经过严格训练的超级老鼠，他懂得经营，是个难得的好帮手（最重要的，他是免费劳动力）。森林居民不再吃那咸得要命的"十全大补鸡"之后，就不再拉肚子掉毛了。阿黄养鸡场恢复了往日的繁荣，森林居民们也渐渐习惯了鼠来宝里有位一只耳朵的 996 忙进忙出。

芭芭拉梦想成真，终于以"特约记者"身份登上"猫界第一刊"——《时代猫刊》了！

有了 996 的帮忙，357 有了更多的闲暇时光。他趴在露台上，翻着扎克借来的那本《神奇植物大百科》若有所思。

清点完账目的 996 好奇地凑过来："你又在思考什么呢，兄弟？"

357 指着书上的图片："你看这是什么？"

"甘蔗嘛，好吃的！"

"这是咱们北方没有的东西，书上说它比甜菜能制造出更多的糖哩！"357 兴奋地说，"也就是说，在云雾森林里，糖比咱们这里要便宜……"

"你是想……和云雾森林做糖的贸易？"996 的确聪明，很快就知道了357 的想法。

"对！咱们和城市老鼠虽然是正当交易，可是城市老鼠的糖是'偷'来的，我总觉得不太好。既然云雾森林那边有大量的甘蔗，却没有美味的蘑菇，咱们为什么不能和他们做贸易呢？"

　　"好主意呀！说走就走吧，我也想去南方旅行。"996 说着就要动身。

　　357 一把拉住他："这次全靠你了。"

　　996 拍拍胸脯："包在我身上！"

　　"我是说……鼠来宝由你照看，我和京宝、扎克就可以放心地去云雾森林了……你要好好干，争取早日还清债务啊，兄弟！"

　　"黑心的 357，我要和你决斗！"996 绝望的叫声回荡在森林里……

什么是贸易？贸易的好处是什么？

贸易是各种买卖和交易行为的总称。没错，"以物易物"也属于贸易，它是贸易最原始的形态。当货币出现以后，货币就成了贸易的媒介，商品和服务之间的互换通过货币就可以完成了。

贸易最大的好处就是互通有无，正如原始人类第一次走出部落，相互交换产品那样。随着人类活动范围的扩大，贸易的范围也越来越大。范围大到国与国之间的贸易，就叫作国际贸易。通过国际贸易，中国把自己能够大量生产的电子产品、玩具、服装等商品卖出去，把不够用的石油、铁矿砂、大豆、煤炭等买进来，既发挥了优势，又满足了需求。

故事里，357发现南方盛产的甘蔗能够制造出大量的糖，与其种植产糖量不怎么高的甜菜，再花大力气学习制糖，不如直接到云雾森林去买糖。当贸易比自己生产更省力的时候，贸易就是更好的选择。

人类真的有"超能力"吗？

黑猩猩、海豚、大象、乌鸦和猪都很聪明，但毫无疑问，人类比地球上其他动物更聪明。那么，是什么原因让人类在众多动物中脱颖而出，进化为最聪明的呢？与动物相比，人类的确有一种了不起的"超能力"，那就是非常强大的学习能力。

动物在幼崽时期也会学习许多技能，但这大多是出于生存的本能。而人类从婴儿时期开始，就能够从规律中学习，并且能够不断地积累。人类还会用文字将知识记录并传递下来。就像古人总结的"九九乘法表"，学校会直接教你怎样利用它去计算，而没有要求你自己去探索和总结。同样地，类似勾股定理这样的知识，节气这类生活经验，四大发明等技术，都被代代相传。今天我们可以用很短的时间，习得人类数千年积累下来的知识，并在这个基础之上继续向未知的领域探索……

所以不要小看我们在学校里学习的知识，这是你通向更广阔世界的必经之路。主动学习是人类独有的"超能力"，你千万不要浪费了自己的这份"超能力"！

1

问：996 为什么同意当免费劳动力？

2

问：以物易物也能算是贸易吗？

3

问：请举例说明，古时候也有国际贸易吗？

小词典

利 润
总收入扣除总成本之后剩下的部分叫作利润。

市场均衡
供给和需求平衡时的市场状态。

市场竞争
企业为实现经济利益、获得更多资源而进行的较量行为。

自由竞争
市场竞争的一种理想形式。特点是买家和卖家都很多；产品是同质的，可互相替代；市场价格由买家和卖家的相互作用决定，任何一个买家和卖家都不能控制市场价格。

替代品
提供同样效用的商品互为替代品，是商品之间关系的一种。

双头垄断
两个竞争者共同控制市场，任何一方行动都会对另一方和市场造成影响。

市场规则
国家为保证市场正常运行而制定的法律法规。

不当竞争
经营者使用违反市场规则的手段谋取利益的行为。

价格机制
利用价格升降调节商品的供给和需求。

垄 断
也叫卖方独占，指市场上只有一个卖家面对竞争性的消费者。

倾 销
在一国或地区以低于正常价格销售商品的行为。目的是击败竞争对手或占领市场，是一种不正当的市场竞争。

贸 易
商品和服务的买卖、交易行为。

WTO
负责维持成员国间贸易秩序的国际组织，全称为世界贸易组织（World Trade Organization）。

RCEP
全称为区域全面经济伙伴关系协定（Regional Comprehensive Economic Partnership），包含中国在内的十五个国家达成的高级自由贸易协定，目前是世界上最大的自由贸易经济体系。

价格的背后

我们知道，影响价格的因素有许多，比如我们已经学过的供给与需求相对关系的变化、成本变化、是否为必需品、是否有替代品等。可是在生活中，我们熟悉的商品价格似乎很少发生变动，这是为什么呢？

以粮食为例，我们知道农业生产的不确定性是比较强的，因为粮食容易受天气影响，而天气偏偏是人类无法控制的。假如某年遭遇自然灾害，粮食的产量可能会大幅下降（也就是说粮食的供给会减少），可是人总是要吃饭的，而且一个人饭量的变化不大（即需求在短时间内几乎不会变化）。这样一来，需求大于供给，理论上粮食价格会大幅上升。可是如果你留心观察过（或者问问家长），就会发现米、面等粮食的价格是非常稳定的，至少不会出现大幅涨价的现象。

事实上，粮食价格也遵循供需关系这一市场价格机制，价格波动是十分正常的。其之所以相对稳定，是因为有政府在背后"调控"。所谓调控，可以理解为调节和控制。粮食大丰收的年份，为了保证农民不会因为供过于求而减少收入，政府会以高于市场的价格收购农民收获的粮食。由于政府收购价高于市场，农民自然不会低价卖给市场上的商人。政府就是用这种办法，有效"控制"了粮食价格，使它不要下跌。这样做主要是为了保证农民的收入，从而使农民愿意从事粮食生产。

反过来遇到歉收年份，政府会把丰收时收购来的粮食投放到市场上，即补充粮食供给，以保证有足够的粮食支撑百姓的日常生活。由

于歉收的那部分粮食被政府补足了，市场上粮食的供给和需求又重新回到均衡，这样就有效地调节了价格，控制了粮价上涨，让大家都能吃饱饭。

你瞧，平时很少有人关注的粮食，仅仅是为了维持它的价格稳定，竟然有那么多烦琐的工作要做。不过，粮食不是普通的商品，对世界上任何一个国家来说都是关乎国计民生的头等大事，所以需要政府调控价格。对于服装、日用品、玩具等这些普通商品，政府则会完全放手让市场去调节。这类商品的价格稳定，完全是因为市场均衡不会在短时间内有大的变化，而成本这类因素的变化也需要较长时间才能反映在价格中。当市场均衡被打破时，短时间内很可能出现价格波动，比如流感暴发会使人们对口罩的需求骤然增加，短期内因为供不应求，口罩价格会上涨。但过了一段时间后，新生产的口罩补充了市场上的不足，市场再次回到供需平衡，价格自然会回落，所以不需要政府出手调控。

现在你已经知道了许多与价格有关的经济学知识，接下来要做的就是在生活中留心观察。比如，看看你所在的城市里，蔬菜、水果的价格是否经常变化；路过加油站时，比较一下汽油价格是不是和几星期前不一样了，原因是什么。是政府在默默调控吗？是季节或天气变化引起供给变化吗？是人们的需求突然变了吗？还是……价格变化往往是多重因素影响的结果，重要的不是答案，而是运用知识分析的过程。让大脑活跃起来吧！

图书在版编目（CIP）数据

冰雪森林的不速之客 / 龚思铭著；肖叶主编；郑洪杰,于春华绘. -- 北京：天天出版社, 2023.4
（你也能懂的经济学：儿童财商养成故事）
ISBN 978-7-5016-2004-3

Ⅰ.①冰… Ⅱ.①龚… ②肖… ③郑… ④于… Ⅲ.①财务管理—儿童读物 Ⅳ.①TS976.15-49

中国国家版本馆CIP数据核字(2023)第031022号

责任编辑：王晓锐　　　　　　　　　美术编辑：曲 蒙
责任印制：康远超 张 璞

出版发行：天天出版社有限责任公司
地址：北京市东城区东中街42号　　　　邮编：100027
市场部：010-64169902　　　　　　　传真：010-64169902
网址：http://www.tiantianpublishing.com
邮箱：tiantiancbs@163.com

印刷：天津市豪迈印务有限公司　　　　经销：全国新华书店等
开本：710×1000　1/16　　　　　　 印张：9.5
版次：2023 年 4 月北京第 1 版　印次：2023 年 4 月第 1 次印刷
字数：104 千字　　　　　　　　　　印数：1-6,000 册

书号：978-7-5016-2004-3　　　　　　定价：42.00 元